LETTRE ÉCRITE

Par Me JEAN DENYSE, Professeur de Philosophie au College de Montaigu.

A Monsieur BILLET, Chevalier, Seigneur DE FANIERES.

Au sujet des Dissertations proposées par le Testament de M. Roüillé de Meslay, sur le Nivellement & les Longitudes.

Du 26. Aoust 1718.

A PARIS.

Chez la Veuve LEFEBVRE, au Palais, en la Grand-Salle, vis-à-vis la Cour des Aydes, au Soleil d'Or.

M. DCC. XVIII.

LETTRE

ÉCRITE

Par Me JEAN DENYSE, Professeur de Philosophie au College de Montaigu.

A Monsieur BILLET, Chevalier, Seigneur de FANIERES.

Au sujet des Dissertations proposées par le Testament de M. Roüillé de Meslay, sur le Nivellement & les Longitudes.

ONSIEUR,

Je vous renvoye le Testament de Monsieur Roüillé de Meslay, en vous remerciant de la lecture que vous avez bien voulu m'en communiquer; je voudrois que vous fussiez aussi content de mes refléxions sur ce Testament, que j'ai lieu de l'être, & que je le suis en effet de la maniere obligeante dont vous m'avez témoigné souhaiter d'avoir par écrit ce que j'eus l'honneur de vous en dire de bouche l'année passée, en nous promenant au Luxembourg : lorsque vous voulûtes bien m'instruire de ce qui se passoit sur ce sujet aux Requêtes du Palais, en m'invitant de venir entendre plaider cette affaire. Mes occupations ne me permirent pas d'y aller, toutes les fois que j'aurois souhaitté; mais dans les deux fois que j'y fus, je reçus une satisfaction particuliere d'entendre deux celebres Avocats raisonner sur les matieres des sciences, avec une capacité qui feroit croire qu'ils ont passé leur vie dans l'étude, & la meditation de la Philosophie. Cela me fit ressouvenir de ce que dit Ciceron: Que l'éloquence du Barreau doit embrasser tous les arts & toutes les sciences, parce que l'Orateur est obligé de parler sur toutes sortes de sujets. Je passe icy tous les autres articles du Testament en question, pour ne m'attacher qu'à celuy qui regarde Messieurs de l'Academie des Sciences, lequel fait tant de bruit au Palais. Je ne devrois pas entreprendre de raisonner sur ce sujet, aprés ce qui a esté dit par les deux celebres Avocats que nous avons entendu : ils ont épuisé la matiere ; mais puisque vous souhaitez voir par écrit ce que j'ai eu l'honneur de vous en dire, je n'épargnerai pas plus ma plume que ma langue, quand il s'agira de vous satisfaire, sur tout puisque la seule amitié que vous avez pour moy, produit en vous cet empressement.

Je ne suivray point icy l'ordre du Testament, mais je coucheray par écrit mes pensées, selon qu'elles viendront à mon esprit. La premiere chose qui me frappe, est ce Niveau universel que feu M. Roüillé de Messay souhaite que l'on cherche. M. Massé pretend qu'il est impossible de le trouver : M. Chevalier répond qu'il n'est pas impossible de le chercher, ni peut-être même de le trouver. Qu'il ne soit pas impossible de le chercher, cela saute aux yeux de tout le monde, & par cela même la condition du Testament n'est pas impossible. Peut-on le trouver ? C'est une question plus épineuse, & qui merite plus d'examen.

Pour proceder avec ordre à cette recherche, commençons par définir ce que c'eſt que ce Niveau que M. de Meſlay propoſe à chercher; car dit excellemment Ciceron: *Quand on veut proceder à la recherche d'une choſe, il faut commencer par la définition de ce que l'on recherche, afin de ſçavoir ce que c'eſt que la choſe dont il eſt queſtion.*

Le Niveau dans la queſtion preſente me paroît être une diſtance égale entre pluſieurs choſes & le centre de la terre: de ſorte que quand deux ou pluſieurs choſes ſont également éloignées du centre de la terre, elles ſont au même niveau, quand elles ſont inégalement éloignées du centre de la terre, celle qui en eſt plus loin eſt au deſſus, & celle qui en eſt pl s proche, eſt au deſſous du niveau de l'autre. Suivons cette idée & voyons ſi elle pourra nous conduire à quelque choſe de ce que nous ſouhaittons. Eſt-il impoſſible de trouver les endroits de la ſurface de la terre, qui ſont plus, ceux qui ſont moins, & ceux qui ſont également éloignez du centre de cette même terre: ne peut-on point trouver un moyen general qui ſerve à cet uſage, ſur toute la ſurface de la terre? Voicy une penſée qui m'eſt venuë là-deſſus, que j'ai riſquée devant vous, qui me passez aisement les fautes qui m'échappent, & que je risque encore d'écrire dans cette Lettre, que je suppose que vous garderez secrette. Vous me direz sans doute que si cette pensée est juste, j'aurai gagné un des prix de l'Academie; mais je vous répondrai que ma timidité ne me permet pas de me compromettre avec tant d'esprits sublimes, de génies superieurs, & de personnes consommées dans les sciences qui vont prétendre à ces prix. Je vous dis donc, & vous écris en secret, ce qui m'est venu dans l'esprit, pour que vous l'examiniez à vostre loisir, que vous y fassiez vos refléxions, & que vous ayez la bonté de m'expliquer ensuite ce que vous en penserez.

Les eaux & tous les corps liquides gardant entr'eux un équilibre, nous devons croire que toutes les parties de l'eau qui est contenuë dans un vase ou elle n'a point de pente, & dans lequel elle ne coule point, sont également éloignées du centre de la terre, & par conséquent sont au même niveau. Toute la surface de l'eau d'un lac & d'un étang est au même niveau; il en est à peu près de même de la surface des eaux dans la pleine mer, lorsqu'elle est calme, il paroît qu'il doit en être de même de la ſurface de l'air; mais il n'en eſt pas de même de la ſurface d'une riviere à ſa ſource & à ſon embouchure, celle-là doit être au-deſſus du Niveau de celle-ci, & c'eſt ce qui la fait perpetuellement couler.

Suivant cette penſée le Baromêtre ne pourroit-il point nous fournir un moyen pour trouver ce Niveau. Nous remarquons deux ſortes de variations dans le Baromêtre, l'une ſuivant les differentes temperatures de l'air, l'autre ſuivant les différentes élévations des lieux où le Baromêtre eſt placé. Dans tous les lieux ou l'on fait l'experience du Baromêtre, il y a la plus grande & la plus petite élévation du mercure. Il y a auſſi de la difference entre la plus grande élevation du Mercure dans un lieu, & la plus grande élévation dans un autre lieu, ſelon que l'un de ces lieux eſt plus élevé que l'autre. Il en eſt de même entre la plus petite élevation dans l'un, & la plus petite élévation dans l'autre de ces mêmes lieux. Par exemple, je ſuppoſe qu'à Clermont en Auvergne la plus grande élevation du Mercure ſoit de 26 pouces 3 lignes & demie, qu'à Paris elle soit de 28 pouces 3 lignes & demie. La difference sera de deux pouces, c'est-à-dire, de 24 lignes, ce qui fera voir que Paris est au-dessous du niveau de Clermont en Auvergne, ou que Paris est plus proche du centre de la terre que Clermont en Auvergne. Et pour mieux s'assurer de ce moyen, il faudroit faire l'experience sur le plus d'endroits differens de la mer que l'on pourroit, car la surface des eaux de la mer devant être au même niveau, si la plus grande élévation du mercure est égale par tous les endroits de la pleine mer lorsqu'elle est calme, ce sera une marque que le moyen proposé est sur. Tous les endroits de la terre où la plus grande élévation du Mercure sera moindre, seront plus hauts ou plus loin du centre de la terre, & ceux où elle sera plus grande, seront plus bas ou plus proches du centre de la terre. Il ne s'agira plus que de sçavoir de combien ils seront plus bas ou plus hauts & voici le moïen de faire cette supputation & d'approcher du moins bien près de ce que l'on cherche.

Suivant les experiences faites par M. Perrier à Clermont en Auvergne à la priere de M. Paſcal au mois de Septembre 1648 ſur des lieux differemment élevés, il ſe trouva qu'au plus bas lieu, où l'experience fut faite, le Mercure étoit reſté à la hauteur de 26 pouces 3 lignes & demie, qu'à ſept toiſes au-deſſus de ce plus bas lieu, il étoit reſté à la hauteur de 26 pouces trois lignes, qu'à 27 toiſes au-deſſus de ce même lieu le plus bas, il demeuroit à la hauteur de 26 pouces une ligne, qu'en un lieu élevé de 150. toiſes au deſſus du plus bas, il demeuroit à 25 pouces, & qu'en un lieu élevé de 500 toiſes au-deſſus de ce plus bas, il ſe trouvoit à la hauteur de 23 pouces 2 lignes. Tellement que 7 toiſes de difference dans la hauteur des lieux, donnoient une demie ligne de difference dans la hauteur du vif argent, 27 toiſes donnoient deux lignes & demie, 150 toiſes 15 lignes & demie, c'eſt-à-dire, un pouce trois lignes & demie, & 500 toiſes donnoient trois pouces une ligne & demie, ou trente-ſept lignes & demie.

Je croirois aſſez volontiers que la ſupputation de Monſieur Perrier pour les toiſes n'étoit pas juſte ; car ſi ſept toiſes ont donné une demie ligne de difference, il faudroit plus de 27 toiſes pour donner deux lignes & demie ou cinq demi-lignes, il en faudroit du moins 5 fois 7 c'est à-dire, 35. De même, il faudroit plus de 1 0 toises pour donner 15 lignes & demie ou 31 demi-lignes, il faudroit 31 fois 7 toises, c'est-à-dire, 217 & il faudroit plus de 500 toises pour donner 37 lignes & demie ou 75 demi-lignes, il faudroit au moins 75 fois 7 toises, c'est-à-dire, 525; mais on pourroit faire ces suppu-tations avec soin; car il y a des regles pour mesurer les hauteurs d'un lieu au-dessus de l'autre, quand ces lieux sont continus l'un à l'autre, par exemple, la hauteur du somm t au-dessus du pied d'une montagne. Or il y a apparence que M. Perrier n'avoit pas pris la peine de faire ces mesures, mais qu'il avoit estimé ces hauteurs à vûë seulement.

J'ai dit qu'il faudroit au moins 75 fois 7 toises pour donner 75 demi-lignes de difference; car il paroît qu'en montant; il en faudroit davantage, puisqu'à mesure que l'on descend, l'air est plus foulé, ayant a soutenir la charge de celui qui est au-dessus de lui. Chaque toise doit contenir plus d'air, & par conséquent peser davantage. Mais les Savans pourroient s'appliquer à examiner qu'elle progreſſion cette plus grande peſanteur de chaque toiſe ſuivroit en examinant la progreſſion des differences dans les hauteurs du Mercure.

Il reſte encore une difficulté qu'il faut lever avant de paſſer outre. Si ſept toiſes ne donnent qu'une demi-ligne de difference dans la hauteur du vif argent, le Barometre ne ſera pas d'uſage pour trouver les penchans des lieux & établir les communications des eaux, qui eſt le but de M. de Meſſay. Car comment trouvera-t'on les deffirences qui ſeront d'une toiſe, d'un pied. Les differences entre les élévations du Mercure ne ſeront pas ſenſibles.

Vous voyez déja ſans doute la réponſe, & vous me prévenez. Ce ſeroit beaucoup de trouver le Niveau des differens lieux de la terre à ſept toiſes prés. Mais outre cela le Barometre double viendroit au ſecours du ſimple : tout le monde ſçait ce que c'eſt que le Barometre double ; c'eſt un tuyau recourbé dont une branche eſt exactement fermée, ou ſelon le langage des Philoſophes, ſcellée hermétiquement par le haut & finit par une boëte conſiderablement plus large que le reſte de la branche. L'autre branche eſt ouverte par le haut, & a auſſi vers le bas une boëte conſiderablement plus large que le reſte de cette branche. On emplit de vif argent la branche fermée par le haut, & en mettant le Barometre dans ſa ſituation naturelle, le vif argent demeure dans la branche fermée à une certaine hauteur: Par exemple à 27 ou 28 pouces au-deſſus du niveau du vif argent qui eſt dans l'autre branche. Le vif argent monte ou deſcend dans cette boëte qui eſt au haut de la branche fermée ſelon les differentes temperatures de l'air, & les differentes hauteurs des lieux où ſe fait l'experience, comme dans le Barometre ſimple. Si les deux boëtes ſont égales en largeur, le vif argent ne pourra deſcendre dans l'une de ces boëtes qu'il ne monte d'une pareille quantité dans l'autre. On met par-deſſus le vif argent contenu dans la boëte qui eſt au bas de la branche ouverte, de l'eau commune mêlée d'eau forte, dans laquelle on a fait diſſoudre du cuivre, ce qui fait monter le vif argent contenu dans la branche fermée un peu plus au-deſſus du niveau de celui qui eſt dans l'autre branche, qu'il ne faiſoit auparavant. Cette eau est mêlée d'eau forte afin qu'elle ne se gele point pendant l'hyver, & que le tuyau ne se casse pas ; on fait dissoudre du cuivre dans cette eau forte, ce qui lui donne une couleur, par le moyen de laquelle on peut remarquer plus aisément les differentes hauteurs de cette eau. Lorsque le vif argent descend d'une ligne dans la boëte qui est au haut de la branche fermée, il monte d'une ligne dans la boëte qui est au bas de la branche ouverte, ces deux boëtes étant d'un égal diametre ; mais il ne sçauroit monter d'une ligne dans cette boëte, qu'il ne fasse monter de bien plus d'une ligne l'eau qui est dans le reste de la branche, lequel est bien plus étroit que cette boëte : par exemple si cette boëte estoit 42 fois plus large que le reste de la branche, le vif argent ne pourroit monter d'une ligne dans la boëte sans faire monter de 42 lignes l'eau du reste de la branche, & comme les sept toises de difference dans la hauteur des lieux donnent une demi ligne dans la difference de l'élevation du Mercure, elles donneront 42 demi-lignes ou 21 lignes dans la difference des élevations de l'eau ; & ces sept toises faisant 42 pieds, il s'ensuit qu'une demie ligne de difference dans l'élevation de l'eau donnera un pied de difference dans la hauteur des lieux, & les boëtes pourroient estre si larges, en comparaison du reste des branches, que l'on pourroit rendre sensibles les moindres differences dans les hauteurs des lieux. Voilà, Monsieur, en abregé ce qui m'est venu en pensée, & ce que j'avois déja eu l'honneur de vous dire au sujet du Niveau universel.

La seconde chose qui ma fait impression dans le Testament de Monsieur de Meslay, c'est la recherche des longitudes sur la mer. On a déja trouvé à peu prés les latitudes; Monsieur de Meslay souhaiteroit encore quelque chose de plus exact. Pour ce qui regarde les longitudes, elles sont plus difficiles à trouver que les latitudes, parce que les longitudes se trouvent en observant les éclypses de la Lune ou des satellites de Jupiter, & remarquant l'heure qu'il est à chaque lieu où l'on fait l'observation au commencement, au milieu & à la fin de l'éclypse. Car s'il est, par exemple, onze heures à Lisbonne & minuit à Paris, au moment précis qu'une éclypse commence, Paris & Lisbonne different de quinze degrez de longitude; mais comme les horloges ne s'accordent pas, que les meilleures pendules changent, que le transport même contribuë à augmenter ce changement, il est difficile de déterminer au juste les longitudes; si l'on trouvoit donc le moïen d'approcher la connoissance des longitudes de celle que l'on a des latitudes, ce seroit déja quelque chose. Il seroit à souhaiter pour cet effet de trouver une horloge invariable, unique dans l'univers, & que l'on pût la voir de tous les endroits differens qui sont sur la terre & sur les eaux. Cette horloge est-elle impossible, c'est ce qu'il faut voir ?

Le monde lui-même est la premiere de toutes les horloges, & ce n'est que pour tâcher de mesurer ses mouvemens que l'on a inventé les autres horloges. On peut voir le Ciel de tous les endroits du monde ; or on se sert du Ciel mêmepour connoître quelle heure il est à chaque lieu où l'on se trouve. On observe la hauteur de quelque étoile fixe sur l'horizon avec la latitude du lieu où l'on est: on sait par le calcul astronomique, le lieu de l'eclyptique où le soleil est chaque jour, on sçait par là l'aspect du soleil à chacune des étoiles fixes, dont on a observé la hauteur sur l'horizon l'horizon, on trouve par ce moyen la quantité dont le soleil est sous l'horizon, & dont il est éloigné de la partie inferieure du meridien; ainsi on sçait mieux quelle heure il est, que par aucune horloge. En perfectionnant encore les instrumens dont on se sert pour ces observations astronomiques, on auroit & les longitudes & les latitudes plus exactement qu'on ne les a.

La troisiéme chose que j'ai remarquée dans ce Testament, c'est le *Traité Philosophique*, qu'il *demande, ou la dissertation, touchant ce qui contient, soutient & fait mouvoir en son ordre les Planettes & autres substances contenuës en l'Univers, le fond premier & general de leurs productions & formations, le principe de la lumiere & du mouvement.*

Vous vous souvenez mieux que moi des savans Ouvrages citez sur ces matieres par M. Chevalier Avocat de Messieurs de l'Academie des Sciences, entr'autres les œuvres de M. Descartes, qui forme l'Univers de trois Elemens. Vous savez quelle source feconde de savantes dissertations le celebre & savant Avocat dont je viens de parler, a indiquée, & de combien de beaux Ouvrages il a tracé le plan.

Vous ſavez auſſi que je donne actuellement un Traité, qui a pour titre : *La nature expliquée par le raiſonnement & par l'experience* ; dans la premiere Partie duquel après avoir montré que l'étenduë eſt une vraye ſubſtance, d'où il s'enſuit qu'elle eſt le fond premier & general de toute la nature corporelle, j'examine la nature du repos & du mouvement. Je démontre, ou du moins je croi démontrer que le mouvement eſt dans la nature corporelle par une cauſe incorporelle, que toute la nature corporelle tend d'elle même au repos, que quand un corps eſt une fois en mouvement, lequel mouvement doit toûjours lui eſtre conſervé, par une cauſe étrangere, il peut mouvoir un autre corps : mais que cet autre corps ne doit conſerver ce mouvement, qu'autant de tems que le premier le pouſſe devant lui, & que l'un ceſſant d'être dans la direction de l'autre, l'un reprend ſon repos, & l'autre ſa premiere viteſſe. J'établis pluſieurs regles, & je decouvre un grand nombre de proprietez du mouvement, deſquelles je déduis qu'il doit y avoir dans toute l'étenduë de l'Univers deux ſortes de parties, les unes qui ayent reçu immediatement de Dieu le mouvement;

& je donne à ce mouvement le nom de *primitif*, que ces parties ont toujours le mouvement, qu'elles & toutes les parties de parties à l'infini qui les composent sont liquides, & qu'elles doivent toutes ensemble composer un grand liquide, dont aucune partie ne soit dure, je donne à ce liquide le nom *d'Ether*. Je déduis aussi qu'il doit y avoir d'autres parties dans cette même étenduë, qui n'ayent point le mouvement primitif, & qui ne reçoivent le mouvement que des premieres; je nomme ce mouvement *derivé*, que ces parties, qui d'elles-mêmes seroient molles, deviennent par la pression de l'Ether qui les environne, les plus durs de tous les corps, & même indivisibles aux forces de toute la nature corporelle. Je leur donne le nom d'atomes dans un sens bien different de celui des Epicuriens & des Gassendistes. Supposé que j'aye le bonheur d'avoir démontré tout ce que j'avance, je croi que l'on aura la premiere cause, qui fait mouvoir les planettes; car outre Dieu qui est la cause absolument premiere, on aura l'Ether, comme la premiere de toutes les causes, qui sont renfermées dans la nature corporelle, ou dans la machine de ce monde visible.

On aura le fond premier de tous les corps du monde, tant de l'Ether que des autres corps, savoir l'étenduë : on aura le fond premier & general des productions & formations des Planettes, & de tous les autres corps differens de l'Ether, savoir les atomes. L'Ether cause de la pesanteur, soutiendra chaque Planette, au centre de son tourbillon, selon les regles que je tâche de démontrer dans cet Ouvrage. Les apogées & perigées, & les irregularitez des approches ou éloignemens des Planettes, tant à l'égard les unes des autres, qu'à l'égard de la terre, pourront venir dans un autre Ouvrage. Je tâche de donner à ce Traité le même ordre geometrique que j'ai donné au Traité de la Verité de la Religion Chretienne, qui parut il y a un an. Plusieurs personnes ont été choquées du titre que je lui ai donné, pretendans que la Geometrie ne peut demontrer la verité de la Religion Chretienne : mais ces personnes font voir qu'elles n'entendent pas ce que c'est que l'ordre geometrique.

Il ne faut pas confondre l'ordre geometrique avec la Geometrie. La Geometrie est un science qui apprend la maniere de mesurer les trois dimensions, *lon-*

gueur, largeur, & *profondeur*. L'ordre geometrique est une methode par laquelle on apprend une science, en commençant par ce qui est clair & connu, allant de-là à ce qui est inconnu, n'avançant point un seul pas, que l'on ne soit certain de ce que l'on dit, & ne laissant rien en arriere qui ne soit, ou clair par soi-même, ou clairement prouvé. Cette methode n'est point particuliere à la seule Geometrie ; elle appartient à toutes les sciences & à toutes les veritez qui peuvent être évidemment prouvées. Ce qui lui a fait donner le nom d'ordre geometrique, c'est que la Geometrie est la premiere science dans laquelle on s'est avisé de se servir de cette methode. Je vous fais observer ceci en passant, parce que vous pourrez trouver en votre chemin des personnes prévenuës contre cet Ouvrage, par cette mauvaise raison.

Je m'apperçois que je suis long ; je ne vous dirai plus qu'un mot sur le Testament de M. de Meslay : c'est grand dommage que M. Chevalier n'ait pas esté informé de la fondation des Bourses de nôtre College de Montaigu, il n'auroit pas manqué de la faire bien valoir, avec son éloquence ordinaire, & je m'assure qu'elle luy auroit fait dire mille jolies choses.

Cette fondation porte non seulement que les Boursiers feront toujours maigre, mais qu'ils jeûneront perpetuellement, à l'exception d'un petit morceau de pain qu'on leur donne le matin à déjeûner; car ils ne goûtent jamais, & ne font le soir qu'une legere collation, avec une pomme, ou un petit morceau de fromage. Ces jeunes gens ne sont cependant point faits pour être Chartreux, Camaldules, ni de la Trappe, non plus que ceux à qui M. de Meslai fait du bien par son Testament. Ce sont des Etudians qui ont besoin d'être soûtenus par de bonnes nourritures. Si M. de Meslay le fils eût esté heritier du Fondateur de ces Bourses; il auroit pretendu sans doute faire casser la fondation. Cependant elle tient à chaux & à ciment. Les plus puissans Magistrats n'ont pas même pu trouver le moyen de la faire changer en une plus douce, parce que le Fondateur veut que sitôt qu'on entreprendra de l'adoucir, tous les biens destinez pour ce sujet, appartiennent à l'Hôtel-Dieu. Ce n'est pas là une simple exhortation, comme celle du Testament de M. de Meslay.

Je finis cette Lettre & mes Reflexions, en vous assurant de ce que vous savez bien, il y a plus de 28. ans, savoir que je suis, avec une estime parfaite,

MONSIEUR,

Votre trés-humble & trés-obéissant Serviteur DENYSE, Professeur de Philosophie au College de Montaigu.

Approbation.

J'AY lû par ordre de Monsieur le Lieutenant General de Police, une Lettre écrite à Monsieur Billet, Chevalier, Seigneur de Fanieres, *au sujet des Dissertations proposées par le Testament de M. Roüillé de Meslay, sur le Nivellement & les Longitudes*, dont on peut permettre l'impression. Fait à Paris ce 27. Aoust 1718.

PASSART.

VEU l'Approbation du sieur Passart, permis d'imprimer, ce vingt-huit Aoust 1718.

DE MACHAUT.

183

www.ingramcontent.com/pod-product-compliance
Ingram Content Group UK Ltd.
Pitfield, Milton Keynes, MK11 3LW, UK
UKHW012130240726
13965UKWH00005B/2081

9 782013 091312